河南省工程建设标准

住宅区和住宅建筑内光纤到户施工图
设计文件编制深度标准

Standard for drawing design depth for fiber to the home
in residential districts and residential buildings

DBJ41/T181−2017

主编单位:河南省城乡规划设计研究总院有限公司
批准单位:河南省住房和城乡建设厅
施行日期:2017 年 11 月 1 日

U0285842

黄河水利出版社
2017   郑州

图书在版编目(CIP)数据

住宅区和住宅建筑内光纤到户施工图设计文件编制深度标准/河南省城乡规划设计研究总院有限公司主编.—郑州：黄河水利出版社,2017.10

ISBN 978 - 7 - 5509 - 1874 - 0

Ⅰ.①住…　Ⅱ.①河…　Ⅲ.①居住区 - 光纤网 - 施工设计 - 地方标准 - 河南　Ⅳ.①TN929.11 - 65

中国版本图书馆 CIP 数据核字(2017)第 258827 号

出　版　社:黄河水利出版社
　　　　　　地址:河南省郑州市顺河路黄委会综合楼 14 层　邮政编码:450003
发行单位:黄河水利出版社
　　　　　　发行部电话:0371 - 66026940、66020550、66028024、66022620(传真)
　　　　　　E-mail:hhslcbs@ 126. com
承印单位:河南瑞之光印刷股份有限公司
开本:850 mm × 1 168 mm　1/32
印张:1. 875
字数:47 千字　　　　　　　　印数:1—2 000
版次:2017 年 10 月第 1 版　　印次:2017 年 10 月第 1 次印刷

定价:22. 00 元

河南省住房和城乡建设厅文件

豫建设标〔2017〕76号

河南省住房和城乡建设厅关于发布
河南省工程建设标准《住宅区
和住宅建筑内光纤到户施工图设计
文件编制深度标准》的通知

各省辖市、省直管县(市)住房和城乡建设局(委),郑州航空港经济综合实验区市政建设环保局,各有关单位:

由河南省城乡规划设计研究总院有限公司主编的《住宅区和住宅建筑内光纤到户施工图设计文件编制深度标准》已通过评审,现批准为我省工程建设地方标准,编号为DBJ41/T181-2017,自2017年11月1日起在我省施行。

此标准由河南省住房和城乡建设厅负责管理,技术解释由河南省城乡规划设计研究总院有限公司负责。

河南省住房和城乡建设厅
2017年10月20日

前　言

　　本标准依据国家关于推进光纤宽带网络建设、资源共享等方针政策,结合当前河南省光纤到户工程建设对施工图设计深度的要求,由河南省住房和城乡建设厅委托河南省城乡规划设计研究总院有限公司编制《住宅区和住宅建筑内光纤到户施工图设计文件编制深度标准》,旨在配合贯彻实施《住宅区和住宅建筑内光纤到户通信设施工程设计规范》GB50846－2012 和《房屋建筑宽带网络设施技术标准》DBJ41/090－2014。

　　本标准共 7 章,主要内容包括:总则、术语、一般规定、设计说明、图例说明及主要设备材料表、设计图纸、工程设计指标。

　　本标准由河南省住房和城乡建设厅批准并发布实施,河南省城乡规划设计研究总院有限公司负责具体技术内容的解释。本标准在执行过程中,请各单位注意发现问题,总结经验,积累资料,将有关意见和建议反馈给河南省城乡规划设计研究总院有限公司(地址:郑州市市民新村北街 2 号,邮编:450000),以供今后修订时参考。

　　本标准主编单位:河南省城乡规划设计研究总院有限公司
　　本标准参编单位:河南省建设工程施工图审查中心有限公司
　　　　　　　　　郑州学府电子工程技术有限公司
　　　　　　　　　河南省信息咨询设计研究有限公司
　　　　　　　　　中建中原建筑设计院有限公司
　　　　　　　　　河南省城乡建筑设计院有限公司
　　本标准主要起草人员:张军旗　陈　新　夏艳红　尹卫红
　　　　　　　　　　　　路彦党　张　倩　胡智慧　曹　静
　　　　　　　　　　　　程智韬　张　晖　李晓辉　付　武

高慧鹏	张 杰	张晓刚	刘子漳
高明杰	张军校	李 杨	杜 娟
祁 飞	高 巍	朱芳振	陈文娜
宫 健	杨自强	孟子栋	高书强
朱光军	李红伟	张 锁	李阳阳
刘鹏利	肖建东	曹曙光	宋跃军

本标准主要审查人员：门茂琛　许德刚　张治功　马　刚
　　　　　　　　　　时常青　贺提胜

目　次

1 总　则

1.0.1　为加强对住宅区和住宅建筑内光纤到户施工图设计文件编制工作的管理,保证住宅区和住宅建筑内光纤到户施工图设计文件的质量和完整性,特制定本标准。

1.0.2　本标准适用于本省新建住宅区和住宅建筑内光纤到户施工图的设计,以及改、扩建的住宅区和住宅建筑内光纤到户施工图的设计。

1.0.3　住宅区和住宅建筑内光纤到户施工图设计文件应满足施工招标、材料设备订货、非标设备加工制作、编制施工图预算及施工安装的要求。

1.0.4　住宅区和住宅建筑内光纤到户施工图设计文件的编制必须贯彻执行国家有关工程建设的政策、法规、工程建设强制性标准和制图标准,设计文件应完整齐全,内容深度符合本标准的要求。

1.0.5　本标准提出的住宅区和住宅建筑内光纤到户施工图设计文件编制深度属基本要求。

1.0.6　住宅区和住宅建筑内光纤到户施工图设计文件除应符合本标准的要求外,还应符合国家现行有关标准和行业标准的规定,如本标准与新颁国家标准或行业标准有不一致或未涵盖的内容,以国家或行业新颁标准相关内容为准。

2 术 语

2.0.1 地下通信管道 underground communication duct

通信线缆的一种地下敷设通道。由管道、人（手）孔、室外引上管和建筑物引入管等组成。

2.0.2 配线区 wiring zone

在住宅区内根据住宅建筑的分类、住户密度，以单体或若干个住宅建筑组成的配线区域。

2.0.3 配线管网 wiring pipeline network

指在建筑物内供布放通信（光）电缆、网线等线缆使用的通道，由室内垂直、水平弱电桥架（线槽）和预埋暗管等组成。

2.0.4 用户接入点 access point for subscriber

多家电信业务经营者共同接入的部位，是电信业务经营者与住宅建设方的工程界面。

2.0.5 配线线缆 wiring cable

用户接入点至设备间配线设备、设备间至与公用通信管道互通的人（手）孔之间连接的线缆。

2.0.6 用户线缆 subscriber cable

用户接入点配线设备至用户配线箱之间连接的线缆。

2.0.7 设备间 equipment room

具备线缆引入、安装通信设备条件的通信机房。

2.0.8 电信间 telecommunications room

放置配线设备并进行线缆交接的专用空间。

2.0.9 光缆交接箱 optical cable intersection box

住宅区内设置的连接配线光缆和用户光缆的配线设备。

2.0.10 衔接人(手)孔 the connection of man (hand) hole

指通信管道与公用通信网管道互通的部位,为多家电信业务经营者管线的接入提供了条件。

2.0.11 配线设备 wiring facilities

住宅建筑内连接通信线缆的配线机柜(架)、配线箱的统称。

2.0.12 机柜 cabinet

用于安装配线与网络设备、引入线缆并端接的封闭式装置。由框架、前后门及侧板组成。

2.0.13 家居配线箱 household distribution box

安装于住户内的多功能配线箱体。

2.0.14 跳纤 optical fiber jumper

一根两端均带有光纤活动连接器插头的光缆组件。

2.0.15 适配器 adaptor

使插头与插头之间实现光学连接的器件。

2.0.16 光纤连接器 optical fiber connector

由跳纤或尾纤和一个与插头匹配的适配器组成。

3 一般规定

3.0.1 光纤到户施工图设计文件应包含以下部分:目录,设计说明,图例说明,主要设备材料表,光纤到户系统图,光缆分配图,设备间、电信间布置图,通信管网总平面图,光缆纤芯分配图,安装大样图,光纤到户楼层平面图。

3.0.2 光纤到户施工图设计文件编制内容可根据工程规模、光纤接入类别等项目特点以及建设方设计要求适当增减。

4 设计说明

4.0.1 设计依据

1 与工程设计有关的依据性文件的名称和文号。

2 设计所执行的主要法规和所采用的主要标准(包括标准的名称、编号、年号和版本号)。

3 建设单位提供的有关部门认定的工程设计资料,建设单位设计任务书及设计要求。

4.0.2 强制性条文要求

应列出项目必须执行的强制性条文,主要强制性条文包括:

1 《住宅区和住宅建筑内光纤到户通信设施工程设计规范》GB50846 - 2012 中的第 1.0.3 条、1.0.4 条、1.0.7 条。

2 《房屋建筑宽带网络设施技术标准》DBJ41/090 - 2014 中的第 3.0.1 条、3.0.4 条。

4.0.3 工程概况

应包括住宅类型、项目位置、总用地面积、总建筑面积、住宅区户数等指标。

4.0.4 设计原则

应满足《住宅区和住宅建筑内光纤到户通信设施工程设计规范》GB50846 和《房屋建筑宽带网络设施技术标准》DBJ41/090 中条款要求。

4.0.5 设计内容

1 设计内容说明主要有总体设计方案、配线区的划分、用户接入点设置、共用人(手)孔的设置、地下通信管道、配线管网、室外光缆、入室光缆、配线设备等内容。

2 总体设计方案应结合住宅区和住宅建筑规模及用户分布，确定工程的建设模式和分光方式，并根据建筑区域的特点选择光缆接续方式。

3 配线区的划分原则、个数、所辖范围及用户数。

4 用户接入点设置依据不同住宅建筑类型以及所辖的用户数确定位置，并以此进行相关建设主体的说明。

4.0.6 技术指标要求

设计指标涵盖的主要内容有光纤、光缆的主要技术指标、配线设备主要技术指标。

4.0.7 其他说明要求

1 采用的新技术、新材料、新工艺、新设备说明。

2 施工有要求的，宜逐条明确。

3 接地与防雷安全措施。

4 设备间、电信间及接入点的位置。

5 图例说明及主要设备材料表

5.0.1 包含图纸中出现的所有图例符号,并应有相应的文字说明。

5.0.2 提出工程建设需要的主要设备材料的名称、规格、数量等(以表格方式列出清单)。

6 设计图纸

6.1 系统图

6.1.1 应能清晰反映系统的构成和原理。

6.1.2 多个配线区系统构成不同时,每个配线区应有单独的系统图。

6.1.3 光纤到户系统图的设计,必须体现多家电信业务经营者平等接入、用户可自由选择电信业务经营者的原则,应符合图6.1.3(光纤到户系统图)的要求。

6.1.4 应标示用户接入点位置和工程界面。

6.1.5 用户接入点的位置应依据不同类型建筑形成的配线区以及所辖的用户数确定,并应符合下列规定:

　　1 由单个高层住宅建筑作为独立配线区时,用户接入点应设于本建筑物内的电信间。

　　2 由低层、多层、中高层住宅建筑组成配线区时,用户接入点应设于本配线区共用电信间。

　　3 由别墅组成配线区时,用户接入点应设于光缆交接箱或设备间。

6.1.6 用户接入点设置的配线设备建设分工应符合下列规定:

　　1 电信业务经营者和建设方共用配线箱或光缆交接箱时,由建设方负责箱体的建设。

　　2 电信业务经营者和建设方分别设置配线箱或配线柜时,各自负责箱体或机柜的建设。

　　3 交换局侧的配线模块由电信业务经营者负责建设,用户侧的配线模块由建设方负责建设。

6.1.7 用户接入点的配线设备应符合下列要求：

    1 配线模块类型与容量应按引入光缆的类型及光纤芯数配置。

    2 交换局侧与用户侧配线模块之间应能通过跳纤互通。

    3 用户光缆小于144芯时,宜共用配线箱,各电信业务经营者的配线模块应在配线箱内分区域安装。

6.1.8 配线设备的容量应满足远期各类通信业务的需求,并应预留不少于10%的维修余量。

6.2 光缆分配图

6.2.1 应标示光缆型号、走向及设备位置,指向设备名称,应符合图6.2.1(光缆分配图)的要求。

6.2.2 配线光缆及用户光缆的容量应满足远期各类通信业务的需求,并应预留不少于10%的维修余量。

6.2.3 光缆采用的光纤选择应符合下列要求:

    1 用户接入点至楼层配线箱之间的用户光缆应采用G.652D光纤。

    2 楼层配线箱至家居配线箱之间的用户光缆应采用G.657A光纤。

6.2.4 光缆选型应符合现行行业标准《室内光缆系列 第2部分:终端光缆组件用单芯和双芯光缆》YD/T1258.2、《室内光缆系列 第四部分 多芯光缆》YD/T1258.4、《接入网用室内外光缆》YD/T1770和《通信用引入光缆 第1部分:蝶形光缆》YD/T1997.1的有关规定。

6.2.5 用户光缆各段光纤芯数应根据光纤接入的方式、房屋建筑类型、所辖用户数计算。

6.2.6 标示分纤箱规格及安装位置。

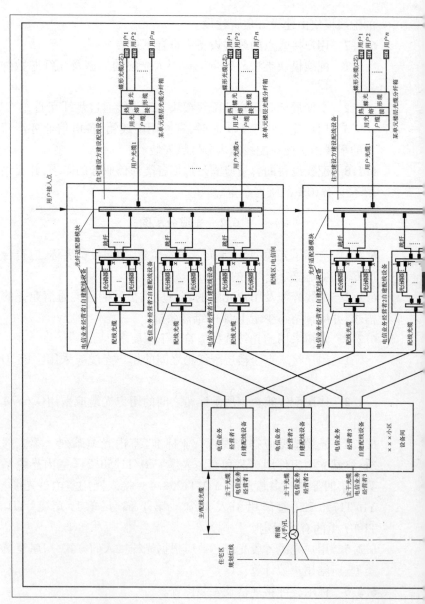

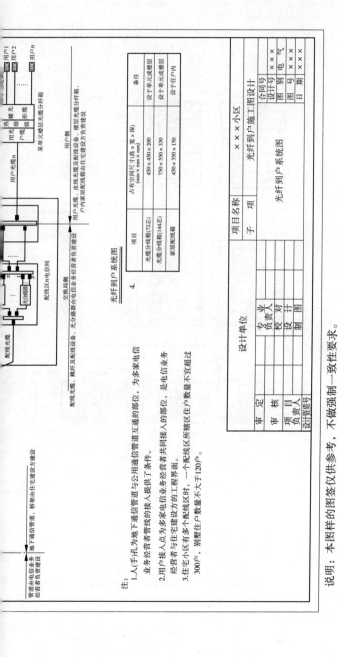

管道由电信业务经营者负责建设，桥架由住宅建设方建设

光纤到户系统图

4.

项目	占有空间尺寸(高×宽×深)(mm×mm×mm)	备注
光缆分线箱(72芯)	450×450×200	设于单元成楼层
光缆分线箱(144芯)	750×550×330	设于单元成楼层
家居配线箱	450×350×150	设于住户内

配线光缆、跳纤及配线设备、光分路器由电信业务经营者负责建设，户内家居配线箱由住宅建设方负责建设

用户光缆、皮线光缆及配线设备、楼层光缆分纤箱、户内家居配线箱由住宅建设方负责建设

注：
1. 人(手)孔为地下通信管道与公用通信管道互通的部位，为多家电信业务经营者管线的接入提供了条件。
2. 用户接入点为多家电信业务经营者共同接入的部位，是电信业务经营者与住宅建设方的工程界面。
3. 住宅小区有多个配线区时，一个配线区所辖区住户数量不宜超过300户，别墅住户数量不大于120户。

设计单位		项目名称	××小区
		子项	光纤到户系统图
审定	××	专业负责人	光纤到户系统图
审核	××	校对	合同号 ×× 电气
项目负责人	××	设计	设计号 ×× 图别 ××
设计资质号	××	制图	图号 ××
			日期 ××

图 6.1.3 光纤到户系统图

说明：本图样的图签仅供参考，不做强制一致性要求。

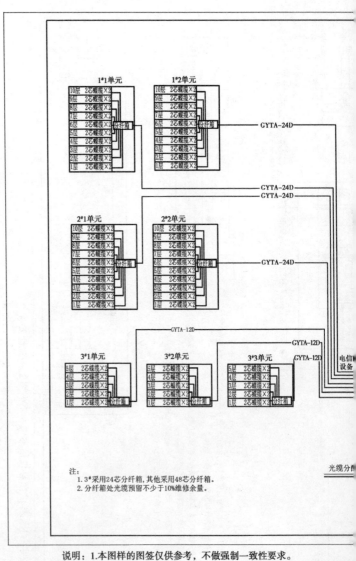

注：
1. 3#采用24芯分纤箱，其他采用48芯分纤箱。
2. 分纤箱处光缆预留不少于10%维修余量。

光缆分配

说明：1.本图样的图签仅供参考，不做强制一致性要求。
　　　2.受图幅所限，为了图面清晰，本图仅绘制了部分光缆分配示意

图 6.

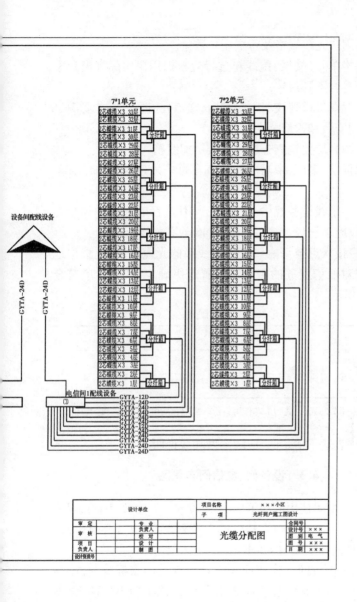

光缆分配图

6.2.7 标示用户光缆规格及每层用户数量。

6.2.8 建筑物单元(楼层)配线箱选择应根据用户实际规模考虑确定,设置应符合下列规定:

    1 宜放置在楼道处或弱电竖井内,楼道处或弱电竖井要满足单元配线箱的安装和检修要求。

    2 每一幢高层建筑宜分层设置楼层配线箱。

    3 多幢低层、多层、中高层建筑宜在每一幢建筑物内设置单元配线柜。

6.2.9 应注明配线设备规格,并应符合《住宅区和住宅建筑内光纤到户通信设施工程设计规范》GB50846 的有关规定。

6.2.10 用户接入点至每一户家居配线箱的光缆数量,应根据地域情况、用户对通信业务的需求及配置等级确定,其配置应符合表6.2.10的规定。

表 6.2.10 光缆配置

配置	光纤(芯)	光缆(条)
标准配置	2	1
高配置	2	2

注:标准配置采用2芯光纤,其中1芯作为备份。高配置采用光纤和光缆的备份。

6.2.11 图中表达不清楚的,应随图做相应说明。

6.3 设备间、电信间布置图

6.3.1 单个电信间使用面积不应小于 10 m²(4 m×2.5 m),可安装 4 个机柜(宽 600 mm × 深 600 mm),按列设置,应符合图 6.3.1(设备间、电信间布置图)的要求。

6.3.2 住宅区设备间的使用面积应符合现行国家标准《住宅区和住宅建筑内光纤到户通信设施工程设计规范》GB50846 的规定,应符合图 6.3.1(设备间、电信间布置图)的要求。

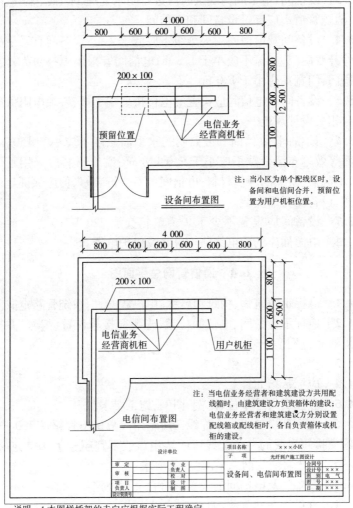

注：当小区为单个配线区时，设备间和电信间合并，预留位置为用户机柜位置。

设备间布置图

注：当电信业务经营者和建筑建设方共用配线箱时，由建筑建设方负责箱体的建设；电信业务经营者和建筑建设方分别设置配线箱或配线柜时，各自负责箱体或机柜的建设。

电信间布置图

设计单位		项目名称	×××小区
		子 项	光纤到户施工图设计
审 定	专业负责人		合同号 ××× 设计号 ×××
审 核	校 对	设备间、电信间布置图	图别 电 气 图号 ×××
项 目 负责人	设 计		日 期 ×××
	制 图		
设计资质号			

说明：1.本图样桥架的走向应根据实际工程确定。

2.本图样的图签仅供参考，不做强制一致性要求。

图 6.3.1 设备间、电信间布置图

6.3.3 设备间、电信间为底层时应进行防水处理,水、暖、燃气、电力、消防管道不应穿过设备间和电信间。

6.3.4 设备间及电信间耐火等级不应低于2级;设备间宜采用防火外开双扇门,门宽不应小于1.2 m;电信间宜采用丙级防火外开单扇门,门宽不应小于1.0 m。

6.3.5 设备间和电信间应设置等电位接地端子板,接地电阻值应符合相关设计规范。

6.3.6 设备间、电信间一般照明的水平面照度不应小于150 lx;地面等效均布活荷载不应小于6.0 kN/m²;装修材料应采用不燃烧、不起灰、耐久的环保材料;电信间可不进行装修,但应保证地面平整、设备能可靠安装。

6.3.7 设备间应设置不少于2个单相交流220 V/10 A电源插座,每个电源插座的配电线路均应装设保护电器。

6.4 通信管网总平面图

6.4.1 应标示建筑物、构筑物名称、用户数、通信系统管路走向。

6.4.2 应标示设备间、电信间位置,光缆交接箱位置、编号,并标明配线区范围。

6.4.3 应标示人(手)孔位置。

6.4.4 应标示指北针。

6.4.5 应注明尺寸单位、比例、图例、施工要求。

6.4.6 光纤到户工程一个配线区所辖用户数量不宜超过300户,光缆交接箱形成的一个配线区所辖用户数不宜超过120户,应符合图6.4.6(通信管网总平面图)的要求。

6.4.7 设备间及电信间的设置应符合下列规定:

    1 宜设置在建筑物的首层或地下一层。

    2 每一个住宅区应设置一个设备间,设备间宜设置在住宅区中心位置,并宜设置在物业管理中心或靠近住宅物业管理中心机房的位置。

3 每一个高层住宅楼宜设置一个电信间。

4 多幢低层、多层、中高层住宅楼宜每一个配线区设置一个电信间。

6.4.8 光缆宜采用地下通信管道方式或地下室桥架方式敷设。

6.4.9 地下通信管道的管孔容量应满足至少3家电信业务经营者通信业务接入的需要。

6.4.10 地下通信管道的总容量应根据管孔类型、线缆敷设方式,以及线缆的终期容量确定,并应符合下列规定:

1 地下通信管道的管孔应根据敷设的线缆种类及数量选用,可选用单孔管、单孔管内穿放子管或多孔管。

2 每一条光缆应单独占用多孔管的一个管孔或单孔管内的一个子管。

3 地下通信管道应预留1~2个备用管孔。

6.4.11 地下通信管道的设计应与房屋建筑其他设施的地下管线整体布局相结合,并应符合下列规定:

1 应与光缆交接箱引上管相衔接。

2 应与公用通信网管道互通的人(手)孔相衔接。

3 应与高压电力管、热力管、燃气管、给排水管保持安全的距离。

4 应避开易受到强烈震动的地段。

5 应敷设在良好的地基上。

6 路由宜以设备间为中心向外辐射,应选择在人行道、人行道旁绿化带。

7 管道跨越主要道路时,宜套钢管或包封。

6.4.12 地下通信管道可根据线缆敷设要求采用不同管径的管材进行组合。

6.4.13 地下通信管道宜采用塑料管或钢管,并应符合下列要求:

1 在下列情况下宜采用塑料管:

　　1)管道的埋深位于地下水位以下或易被水浸泡的地段。

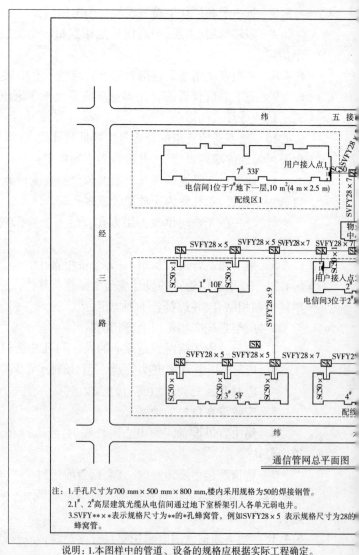

通信管网总平面图

注：1.手孔尺寸为700 mm×500 mm×800 mm，楼内采用规格为50的焊接钢管。

2.1#、2#高层建筑光缆从电信间通过地下室桥架引入各单元弱电井。

3.SVFY**×*表示规格尺寸为**的*孔蜂窝管，例如SVFY28×5 表示规格尺寸为28的
蜂窝管。

说明：1.本图样中的管道、设备的规格应根据实际工程确定。

2.本图样的图签仅供参考，不做强制一致性要求。

图 6.4.6 通

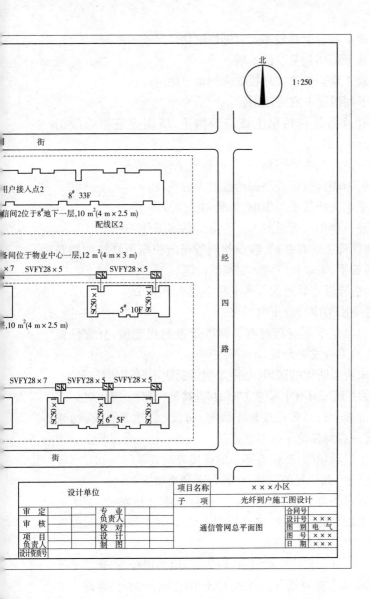

北

1:250

| | 街 |

用户接入点2

8# 33F

信间2位于8#地下一层,10 m²(4 m × 2.5 m)

配线区2

路间位于物业中心一层,12 m²(4 m × 3 m)

× 7   SVFY28 × 5   SVFY28 × 5   SK   SVFY28 × 5   SK

SC50 × 1   5# 10F   SC50 × 1

,10 m²(4 m × 2.5 m)

SVFY28 × 7   SVFY28 × 5   SVFY28 × 5   SK   SK   SK

SC50 × 1   SC50 × 1   6# 5F   SC50 × 1

街

经 四 路

设计单位				项目名称	×××小区		
				子 项	光纤到户施工图设计		
审 定		专 业 负责人				合同号	
审 核		校 对		通信管网总平面图		设计号	×××
						图别	电 气
项 目 负责人		设 计				图 号	
设计资质号		制 图				日 期	×××

网总平面图

2）地下综合管线较多及腐蚀情况比较严重的地段。

3）地下障碍物复杂的地段。

4）施工期限急迫或尽快要求回填土的地段。

2 在下列情况下宜采用钢管：

1）管道附挂在桥梁上或跨越沟渠，或需要悬空布线的地段。

2）管群跨越主要道路，不具备包封条件的地段。

3）管道埋深过浅或路面荷载过大的地段。

4）受电力线等干扰影响，需要防护的地段。

5）建筑物引入管道或引上管道的暴露部分。

6.4.14 塑料管道应有基础，敷设塑料管道应根据所选择的塑料管的管材与管型，采取相应的固定组群措施。

6.4.15 塑料管道弯管道的曲率半径不应小于 10 m。

6.4.16 电缆桥架应符合下列要求：

1 电缆填充率不应超过有关标准规范的规定值，且宜预留 10% ~ 25% 的工程发展余量。

2 要求桥架防火的区段，必需采用钢制或不燃、阻燃材料。

3 桥架系统应具有牢靠的电气衔接并接地（只对金属桥架）。

4 沿桥架全长另敷设接地干线时，每段（包括非直线段）桥架应至少有一点与接地干线可靠连接。

5 对于振动场所，在接地部位的连接处应装置弹簧圈。

6.4.17 人（手）孔位置的选择，应符合下列要求：

1 在管道拐弯处、管道分支点、设有光缆交接箱处、交叉路口、道路坡度较大的转折处、建筑物引入处、采用特殊方式过路的两端等场合，宜设置人（手）孔。

2 人（手）孔位置应与燃气管、热力管、电力电缆管、排水管等地下管线的检查井相互错开，上述管线不得在人（手）孔内穿过。

3 交叉路口的人（手）孔位置宜选择在人行道上。

4 人(手)孔位置不应设置在建筑物的主要出入口、货物堆积、低洼积水等处。

5 与公用通信网管道相通的人(手)孔位置,应便于与电信业务经营者的管道衔接。

6.4.18 人(手)孔的选用应符合下列规定:

1 远期管群容量大于6孔时,宜采用人孔。

2 远期管群容量不大于6孔时,宜采用手孔。

3 采用暗式渠道时宜采用手孔。

4 管道引上处、放置落地式光缆交接箱处,宜采用手孔。

6.4.19 通信管道手孔程式应根据所在管段的用途及容量合理选择,通信管道手孔程式可按表6.4.19的规定执行。

表6.4.19　通信管道手孔程式

管道段落		管道容量	手孔程式选用规格(mm)			用途
			长	宽	高	
通信管道		6孔及6孔以下	1 120	700	1 000	用于线缆分支与接续
		3孔及3孔以下	700	500	800	用于线缆过线
引入管道	至设备间	6孔及6孔以下	1 120	700	注	用于线缆接续及管道分支
	至光交接箱	3孔及3孔以下	700	500	800	用于线缆过线和引入
	至高层住宅电信间		1 120	700	注	
	至低层、多层、中高层住宅电信间		1 120	700	注	

管道段落	管道容量	手孔程式选用规格（mm）			用途
		长	宽	高	
衔接手孔	与公用通信网管道相通的手孔	1 120	700	1 000	用于衔接电信业务经营者通信管道

注:可根据引入管的埋深调节手孔的净深与高度。

6.4.20 对于管道容量大于 6 孔的段落,应按现行行业标准《通信管道人孔和手孔图集》YD5178、《通信管道横断面图集》YD/T5162 的有关规定选择人孔程式。

6.4.21 用户光缆敷设穿放 4 芯以上光缆时,直线管的管径利用率应为 50% ~60%,弯曲管的管径利用率应为 40% ~50%。

6.4.22 用户光缆敷设穿放 4 芯及 4 芯以下光缆或户内 4 对绞电缆的导管截面利用率应为 25% ~30%,槽盒内的截面利用率应为 30% ~50%。

6.4.23 穿墙及楼板孔洞处应采用防火材料封堵,并应做防水处理。

6.4.24 人(手)孔的制作应符合下列要求:

1 人(手)孔设置在地下水位以下时,应采取防渗水措施。

2 人(手)孔应有混凝土基础,遇到土壤松软或地下水位较高时,还应增设渣石基础或采用钢筋混凝土基础。

3 人(手)孔的盖板可采用钢筋混凝土或钢纤维材料预制,厚度不宜小于 100 mm。

4 人(手)孔制作的其他要求,应符合现行国家标准《通信管道与通道工程设计规范》GB50373 的有关规定。

6.5 光缆纤芯分配图

6.5.1 标示运营商主干光缆接入位置,标示光纤走向及设备位置,并在设备端口处注明光纤指向,应符合图6.5.1(光缆纤芯分配图)的要求。

6.6 安装大样图

6.6.1 安装大样图应包括配线设备的安装、过渡位置光缆的敷设等。

6.6.2 机柜应就近可靠接地,导体截面面积不应小于16 mm^2。

6.6.3 室外配线设备的安装设计,应考虑雨、雪、冰雹、风、冰、烟雾、沙尘暴、雷电及不同等级的太阳辐射等各种不良环境的影响,并应采取相应的防护措施。

6.6.4 光缆交接箱箱体应考虑接地措施,应符合图6.6.4(光缆交接箱安装大样图)的要求。

6.6.5 光缆交接箱安装底座应符合下列规定:

1 宜采用混凝土现浇底座并预埋PVC管。

2 底座浇筑的混凝土强度等级宜为C15。

3 底座高度不应小于300 mm。

4 底座的长度和宽度应大于箱体底部的长度和宽度,长×宽不宜小于800 mm×400 mm。

5 箱体应使用M12膨胀螺栓固定于水泥底座。

6.6.6 机柜应符合下列要求,并满足图6.6.6(ODF配线架安装大样图)的要求:

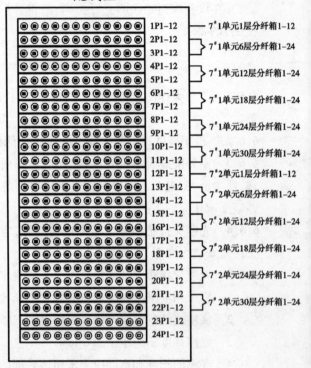

配线区1

1P1–12	—— 7#1单元1层分纤箱1–12
2P1–12	
3P1–12	}7#1单元6层分纤箱1–24
4P1–12	
5P1–12	}7#1单元12层分纤箱1–24
6P1–12	
7P1–12	}7#1单元18层分纤箱1–24
8P1–12	
9P1–12	}7#1单元24层分纤箱1–24
10P1–12	
11P1–12	}7#1单元30层分纤箱1–24
12P1–12	—— 7#2单元1层分纤箱1–12
13P1–12	
14P1–12	}7#2单元6层分纤箱1–24
15P1–12	
16P1–12	}7#2单元12层分纤箱1–24
17P1–12	
18P1–12	}7#2单元18层分纤箱1–24
19P1–12	
20P1–12	}7#2单元24层分纤箱1–24
21P1–12	
22P1–12	}7#2单元30层分纤箱1–24
23P1–12	
24P1–12	

注：1.此图为电信业务经营者和建筑建设方分别设置配线箱或配线柜时，光缆纤芯分配图。
  2.电信业务经营者和建筑建设方共用配线箱或交接箱时，配线架内应预留不小于3排电信经营者
   接入位置。

说明：1.本图样的图签仅供参考，不做强制一致性要求。
   2.受图幅所限，为了图面清晰，本图仅绘制了部分光缆纤芯分配图。

图 6.5.1

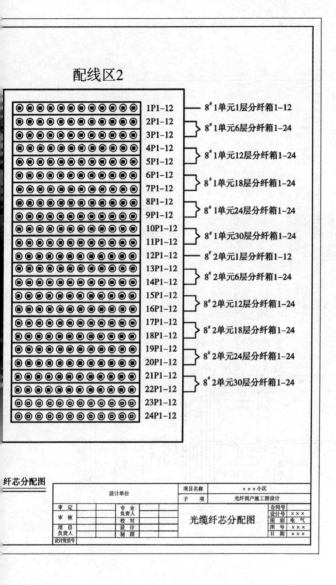

配线区2

1P1–12	8#1单元1层分纤箱1–12
2P1–12	8#1单元6层分纤箱1–24
3P1–12	
4P1–12	8#1单元12层分纤箱1–24
5P1–12	
6P1–12	8#1单元18层分纤箱1–24
7P1–12	
8P1–12	8#1单元24层分纤箱1–24
9P1–12	
10P1–12	8#1单元30层分纤箱1–24
11P1–12	
12P1–12	8#2单元1层分纤箱1–12
13P1–12	8#2单元6层分纤箱1–24
14P1–12	
15P1–12	8#2单元12层分纤箱1–24
16P1–12	
17P1–12	8#2单元18层分纤箱1–24
18P1–12	
19P1–12	8#2单元24层分纤箱1–24
20P1–12	
21P1–12	8#2单元30层分纤箱1–24
22P1–12	
23P1–12	
24P1–12	

纤芯分配图

		项目名称	×××小区		
设计单位		子　项	光纤到户施工图设计		
审　定		专　业负责人		合同号	
审　核		校　对	光缆纤芯分配图	设计号 ×××	
项　目		设　计		图　别 电　气	
负责人		制　图		图　号 ×××	
设计资质号				日　期 ×××	

纤芯分配图

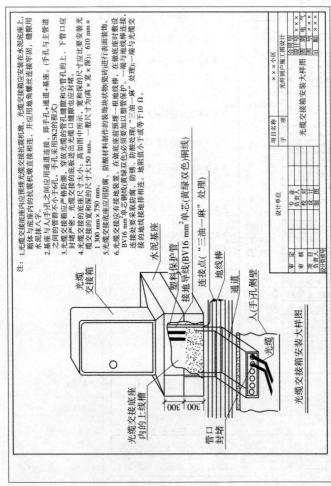

注：

1. 光缆交接箱底座内应预埋光缆交接箱的抗震机螺丝，光缆交接箱应安装在水泥底座上，箱体与底座的连接用地角螺丝做直接相连，并应用地角螺丝连接牢固，缝隙用水泥抹八字。

2. 基座与人手孔之间应用通道连接，即手孔+通道+基座。（手孔与主管道之间的管件不小于6孔，手孔采用SK2的程式）

3. 光缆交接箱应严密防潮，穿放光缆的管孔堵塞出光缆口缝隙也应封堵。

4. 光缆交接箱的底座尺寸大小，光缆交接箱的底板选用光缆口缝隙中所示，需和深的尺寸应比要安装光缆交接的宽和深的尺寸大150 mm。高加围处理，一般尺寸为（高×宽×深）：610 mm × 1 300 mm × 750 mm。

5. 光缆交接箱底座应有排地要求，防潮和体制作的装饰件的装饰应进行表面装饰。

6. 光缆交接箱底座内要加以塑管保护，一端与地线棒连接，一端与光缆交接的地线棒制作的一组地线棒。在做底座前预埋一组地线棒，在做底座时敷设BV16 mm²单芯铜线（黄绿双色）单芯，防锈、防敷处理"三油一麻"处理，地阻值小于或等于10 Ω。连接处要采取防敷处理"三油一麻"处理，防锈，接的地线接地相连。地阻值小于或等于10 Ω。

光缆基座

水泥基座

塑料保护管

接地导线(BV16 mm²单芯(黄绿双色)(铜线)

连接点（"三油一麻"处理）

地线棒

通道

光缆

人(手孔侧壁

光缆交接箱安装大样图

光缆交接箱

光缆交接底座内的上线槽

300 300

管口封堵

设计单位		项目名称		××小区
		子 项		光纤到户图设计
				光缆交接箱安装大样图
审 定		合同号	× ×
审 核		设计号	× × ×
校 核		图 别	电
项目负责人		图 号	× × ×
	设计	日 期	× × ×
负责人			
设计者签字			

图 6.6.4 光缆交接箱安装大样图

说明：本图样的图签仅供参考，不做强制一致性要求。

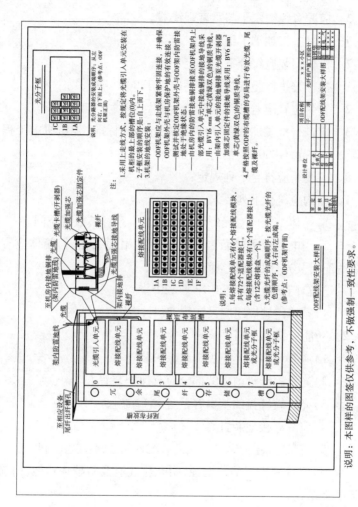

图 6.6.6 ODF 配线架安装大样图

说明：本图样的图签仅供参考，不做强制一致性要求。

1 应满足跳纤管理。

2 可安装各类光纤模块。

3 应配置线缆水平与垂直理线器。

4 应具备接地端子板。

6.6.7 机柜安装应符合下列规定：

1 操作维护侧距墙净距离不应小于 800 mm。

2 安装位置应避开空调口。

3 应进行抗震加固,并应符合现行国家标准《建筑机电工程抗震设计规范》GB50981 的有关规定。

6.6.8 配线箱应符合下列规定：

1 结构应符合下列要求：

1）箱体结构应有光纤盘留空间及空余纤芯放置空间。

2）当电信业务经营者和建设方共用配线箱时,箱体应有安装适配器及光分路器的空间。

3）箱门开启角度不应小于 120°。

4）箱体门锁启闭应灵活可靠,且应为防盗结构。

2 功能应符合下列要求：

1）应有可靠的光缆固定与保护装置。

2）光纤熔纤盘内接续部分应有保护装置。

3）光纤熔纤盘的基本容量宜为 12 芯。

4）应具有接地装置。

5）容量应根据成端光缆的芯数配置,最大不宜超过 144 芯。

6）应具有良好的抗腐蚀、耐老化性能及防破坏功能,门锁应为防盗结构。

7）箱门内侧应具有完善的标识和记录装置。

6.6.9 家居配线箱应根据安装方式、线缆数量、模块容量和应用

功能成套配置,并应符合下列规定:

  1 结构应符合下列要求:

    1)箱门开启角度不应小于110°。

    2)门锁的启闭应灵活可靠。

    3)箱体内应有线缆的盘留空间。

    4)箱体内应有不小于1 m光缆的放置空间。

    5)箱体宜为光网络单元ONU、路由器等提供安装空间。

  2 功能应符合下列要求:

    1)应有可靠的线缆固定与保护装置。

    2)应具备通过跳接实现调度管理的功能。

    3)应具有接地装置。

    4)箱体应具备固定装置。

    5)箱体应具有良好的抗腐蚀、耐老化性能。

    6)家居配线箱应根据住户信息点数量、引入线缆、户内线缆数量、业务需求选用。

    7)家居配线箱箱体尺寸应充分满足各种信息通信设备摆放、配线模块安装、线缆终接与盘留、跳线连接、电源设备及接地端子板安装等需求,同时应适应业务应用的发展。

    8)家居配线箱安装位置宜满足无线信号的覆盖要求。

    9)家居配线箱宜暗装在套内走廊、门厅或起居室等便于维护处,并宜靠近入户导管侧,箱体底边距地高度宜为500 mm。

    10)距家居配线箱水平150~200 mm处,应预留AC220 V带保护接地的单相交流电源插座,并应将电源线通过导管暗敷设至家居配线箱内的电源插座。电源接线盒面板底边宜与家居配线箱体底边平行,且距地高度应一致。

    11)当采用220 V交流电接入箱体内电源插座时,应采取强弱电安全隔离措施。

      12)箱门内侧应具有完善的标识和记录装置。

6.6.10   线缆穿越墙体时应套保护管。

6.6.11   线缆采用钉固方式沿墙明敷时,卡钉间距应为 200～300 mm,对易触及的部分可采用塑料管或钢管保护,应符合图 6.6.11(分纤箱安装大样图)的要求。

6.6.12   光缆金属加强芯应采用铜导体接地。

6.6.13   室内光缆预留长度应符合下列规定:

    1   光缆在配线柜处预留长度应为 3～5 m。

    2   光缆在楼层配线箱处光纤预留长度应为 1～1.5 m。

    3   光缆在家居配线箱成端时预留长度不应小于 500 mm。

6.6.14   光缆纤芯在用户侧配线模块不做成端时,应保留光缆施工预留长度。

6.6.15   图中表达不清楚的内容,可随图做相应说明。

6.7   光纤到户楼层平面图

6.7.1   图中应标示建筑物引入管道的位置。

6.7.2   标示入户光缆型号及敷设方式,标注方式应符合图 6.7.2(光纤到户楼层平面图)的要求。

6.7.3   标示家居配线箱安装位置。

6.7.4   用户光缆的敷设应符合下列规定。

    1   宜采用暗管、桥架或槽道方式穿放。

    2   应选择距离较短、安全和经济的路由。

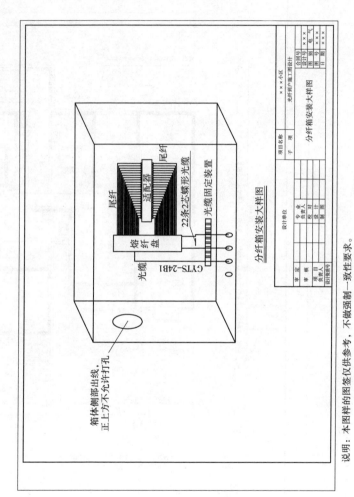

图 6.6.11　分纤箱安装大样图

说明：本图样的图签仅供参考，不做强制一致性要求。

注：1.图中家居配线箱引线与可视对讲系统穿管共用，穿管选用JDG20。
    2.满足网络、语音、电视、弱电接入要求，内置电源。

说明：本图样的图签仅供参考，不做强制一致性要求。

图 6.7.2

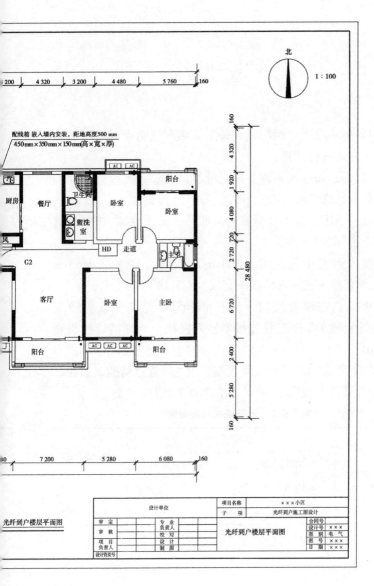

北 1 : 100

配线箱 嵌入墙内安装，距地高度500 mm
450 mm×350 mm×150 mm(高×宽×厚)

厨房　餐厅　卫生间　卧室　阳台
盥洗室　卧室
HD　走道　主卫
C2　客厅　卧室　主卧
阳台　阳台
AC AC　AC AC AC

200　4 320　3 200　4 480　5 760　160

160　4 320　1 920　4 080　720　2 720　720　6 720　2 400　5 280　160　28 480

60　7 200　5 280　6 080　160

光纤到户楼层平面图

| 设计单位 | | 项目名称 | ×××小区 |
| | | 子　项 | 光纤施工图设计 |

审　定		专　业负责人	
审　核		校　对	
项　目负责人		设　计	
设计预类号		制　图	

光纤到户楼层平面图

合同号	×××
设计号	×××
图　别	电　气
图　号	×××
日　期	×××

户楼层平面图

7 工程设计指标

7.0.1 用户接入点用户侧配线设备至家居配线箱光纤通道衰减应按照以下公式进行计算：

光通道衰减(dB) = 全程各段光纤衰减总和 + 光纤连接器插入衰减总和 + 光纤接续(熔接或冷接子连接)接头衰减总和。

典型模式下用户接入点至家居配线箱光通道衰减，按最坏值法计算如下：

用户接入点在电信间时 = 300 mG.652D 光缆衰减 + 50 m G.657A光纤衰减 + 光纤接续接头衰减 = 0.3 dB

用户接入点在设备间时 = 500 mG.652D 光缆衰减 + 50 m G.657A光纤衰减 + 2 个光纤连接器插入损耗 + 光纤接续接头衰减 = 1.4 dB

以上均不考虑用户蝶形光缆成端所用光纤连接器插入损耗。

7.0.2 相关计算参数取定，并按照表 7.0.2 执行：

表 7.0.2 光纤接头衰减限值

接头衰减	熔接方式				测试波长 (nm)
	单纤(dB)		光纤带光纤(dB)		
光纤类别	平均值	最大值	平均值	最大值	
G.652/G.657	≤0.06	≤0.12	≤0.12	≤0.38	1 310/1 550

注：平均值的统计域为中继段内的全部光纤接头损耗。

1 光纤衰减取定：

1)1 310 nm 波长时 G.652D 取 0.36 dB/km, G.657A 取

0. 4 dB/km。

2)采用模场直径与 G. 652 光纤不匹配的 G. 657 光纤时，光纤接续的接头衰减需在限值的基础上增加约 0. 2dB 的附加损耗。

2 光连接器插入衰减取定:0. 5 dB/个。

1)采用机械接续时单芯光纤双向平均衰减值应不大于 0. 1 dB,最大损耗应不大于 0. 2 dB。

2)现场制作的机械连接器,衰减值应不大于 0. 5 dB。

3 光纤接续接头衰减取定:

采用热熔方式接续时,双向衰减平均值应小于 0. 08 dB。带状光纤热熔接接续,每带双向衰减平均值小于 0. 12 dB,其中单芯最大值应小于 0. 15 dB。

本标准用词说明

1　为便于在执行本标准条文时区别对待,对要求严格程度不同的用词说明如下:

　　1)表示很严格,非这样做不可的用词:

　　　　正面词采用"必须",反面词采用"严禁"。

　　2)表示严格,在正常情况下均应这样做的用词:

　　　　正面词采用"应",反面词采用"不应"或"不得"。

　　3)表示允许稍有选择,在条件许可时首先应这样做的用词:

　　　　正面词采用"宜",反面词采用"不宜"。

　　4)表示有选择,在一定条件下可以这样做的,采用"可"。

2　条文中指明必须按其他有关标准和规范执行时,写法为:"应按……执行"或"应符合……的要求(或规定)"。非必须按所指定的标准和规范执行时,写法为:"可参照……的要求(或规定)"。

引用标准名录

1 《住宅区和住宅建筑内光纤到户通信设施工程设计规范》GB50846

2 《房屋建筑宽带网络设施技术标准》DBJ41/090

3 《通信管道与通道工程设计规范》GB50373

4 《综合布线系统工程设计规范》GB50311

5 《建筑机电工程抗震设计规范》GB50981

6 《民用建筑电气设计规范》JGJ16

7 《通信管道人孔和手孔图集》YD5178

8 《通信管道横断面图集》YD/T5162

9 《接入网用室内外光缆》YD/T1770

10 《通信用引入光缆　第1部分:蝶形光缆》YD/T1997.1

11 《室内光缆系列　第2部分:终端光缆组件用单芯和双芯光缆》YD/T1258.2

12 《室内光缆系列　第四部分　多芯光缆》YD/T1258.4

河南省工程建设标准

住宅区和住宅建筑内光纤到户施工图
设计文件编制深度标准

DBJ41/T181－2017

条 文 说 明

目 次

1 总　则

1.0.1　本标准的编制,目的在于进一步规范全省住宅区和住宅建筑内光纤到户施工图设计文件,提高通信建设水平,加快宽带网络建设,推进城镇光纤到户,确保多家电信业务经营者平等接入和用户自由选择电信业务经营者的权利。

1.0.5　本标准的编制,仅对住宅区和住宅建筑内光纤到户施工图设计文件的设计深度做出基本要求,设计单位可根据设计要求在本标准的基础上,对光纤到户施工图设计文件的内容和深度进行适当扩充。

3 一般规定

3.0.1 为保障住宅区和住宅建筑内光纤到户质量和完整性,住宅区和住宅建筑内光纤到户施工图设计文件与住宅建筑同步设计。

3.0.2 当光纤到户工程规模较大或招标文件另有规定时,施工图设计文件可在基本组成部分之外根据需要另行增加图纸。

    1 当光纤到户工程为单体住宅建筑时,通信管网总平面图可与楼层平面图合并或仅在平面图上标注进线位置。

    2 当设计要求另有规定时,光纤到户施工图设计文件组成部分可在本标准3.0.1基础上进行增加。

4 设计说明

4.0.2 强制性条文要求

1 《住宅区和住宅建筑内光纤到户通信设施工程设计规范》GB50846 – 2012 中的第 1.0.3 条、1.0.4 条、1.0.7 条。

1)第 1.0.3 条住宅区和住宅建筑内光纤到户通信设施工程的设计,必须满足多家电信业务经营者平等接入、用户可自由选择电信业务经营者的要求。

2)第 1.0.4 条在公用电信网络已实现光纤传输的县级及以上城区,新建住宅区和住宅建筑的通信设施应采用光纤到户方式建设。

3)第 1.0.7 条新建住宅区和住宅建筑内的地下通信管道、配线管网、电信间、设备间等通信设施,必须与住宅区及住宅建筑同步建设。

2 河南省工程建设标准《房屋建筑宽带网络设施技术标准》DBJ41/090 – 2014 中的第 3.0.1 条、3.0.4 条。

1)第 3.0.1 条是房屋建筑宽带网络设施工程的设计,必须满足多家电信业务经营者平等接入、用户可自由选择电信业务经营者的要求。

2)第 3.0.4 条是房屋建筑规划用地红线内的通信管道、配线管网、电信间、设备间等宽带网络设施,必须与房屋建筑同步建设(同步设计、同步施工)、同期交付。

4.0.5 设计内容说明包含以下:

共用人(手)孔的位置及个数,建筑物内弱电竖井、桥架/槽道、入户暗管等的位置、大小;住宅区和住宅建筑内的非住宅用户,包括商业、物业用房等，光缆做预留；光缆敷设方式、光缆类型、芯数配置、光缆接续、预留长度、成端、防护措施说明等；机柜式配线架、墙挂式或壁嵌式配线箱、落地型交接箱、单元（楼层）配线箱、室内配线箱的安装位置、容量配置、尺寸等。

5 图例说明及主要设备材料表

5.0.1 图纸中出现的所有图例符号以表格形式列出，表格包含图例符号、图例名称。

5.0.2 主要设备及材料清单以表格方式列出，包含主要设备材料的名称、规格、数量、单位、主要参数。

6 设计图纸

6.1 系统图

6.1.1 光纤到户工程系统图包含从共用人(手)孔到用户家居配线箱的整个完整链路,图中标示用户接入点、配线设备、配线光缆、用户光缆。

6.1.4 系统图中用户接入点交换局侧标示由电信业务经营者建设,用户侧标示由建设方建设。

6.1.7 共用配线箱时,室外配线设备选用落地式光缆交接箱,各电信业务经营者的配线模块在配线箱内分区域安装。

6.2 光缆分配图

6.2.6 高层、中高层住宅建筑的分纤箱可安装在楼内弱电竖井内,低层、多层住宅建筑可安装在首层或地下一层。

6.2.9 配线设备规格应符合《住宅区和住宅建筑内光纤到户通信设施工程设计规范》GB50846 – 2012 中第 7.3.1 条、第 7.3.2 条、第 7.3.3 条的有关规定,如表 6.2.9-1、表 6.2.9-2、表 6.2.9-3 所示。

表 6.2.9-1 19# 机柜容量与尺寸

SC/LC 端口数量	机柜尺寸(高×宽×深)(mm)
600/1200	2 600 ×600/800/ ×600/800(54U)
504/1008	2 200 ×600/800/ ×600/800(47U)
456/912	2 000 ×600/800/ ×600/800(42U)
408/816	1 800 ×600/800/ ×600/800(38U)
240/480	1 200 ×600/800/ ×600/800(24U)

表6.2.9-2　配线箱容量与尺寸

容量	功能	箱体外形尺寸(高×宽×深)(mm)
12~16芯	配线、分路	250×400×80
24~32芯		300×400×80
36~48芯		450×400×80
6~8芯	分纤(壁挂、壁嵌)	247×207×50
12芯		370×290×68
24芯		370×290×68
32芯		440×360×75
48芯		440×360×75
72芯		440×450×190
96芯		570×490×160
144芯		720×540×300

表6.2.9-3　家居配线箱功能与尺寸

功能	箱体埋墙尺寸(高×宽×深)(mm)
可安装ONU设备、有源路由器/或交换机、语音交换机、有源产品的DC电源、有线电视分配器及配线模块等弱电系统设备	400×300×120
可安装ONU设备、无源数据配线模块、电话配线模块、有线电视配线模块等弱电系统设备	350×300×120
可安装ONU设备、有线电视配线模块,主要用于小户型住户	300×250×120

6.3 设备间、电信间布置图

6.3.1 在住宅区和住宅建筑内设备间(电信间)面积应符合现行国家标准《住宅区和住宅建筑内光纤到户通信设施工程设计规范》GB50846－2012的有关规定,如表6.3.1所示。

表6.3.1 设备间面积

1个配线区户数	面积(m²)	尺寸(m)	备注
300户	10	4×2.5	可安装4个机柜(宽600 mm×深600 mm),按列设置
	15	5×3	可安装4个机柜(宽800 mm×深800 mm),按列设置

注:设备间、电信间为独立空间。

6.3.5 接地电阻参照《民用建筑电气设计规范》JGJ16－2008中第12.7.1条、第21.7.2条及《综合布线系统工程设计规范》GB50311－2007中7.0.3条款要求。

6.4 通信管网总平面图

6.4.6 光缆交接箱用于别墅区或者总户数少于120户的低层、多层建筑组成的配线区。

6.4.11 通信管道与高压电力管、热力管、燃气管、给排水管的安全距离参照《房屋建筑宽带网络设施技术标准》DBJ41/090－2014中4.7.2条款要求,如表6.4.11所示。

表 6.4.11 通信管道和其他地下管线最小净距

其他地下管线名称		平行净距(m)	交叉净距(m)
给水管	直径 300 mm 以下	0.50	0.15
	直径 300~500 mm	1.00	
	直径 500 mm 以上	1.5	
污水排水管		1.00[1]	0.15[2]
热力管		1.00	0.25
燃气管	压力≤300 kPa（压力≤3 kg/cm²）	1.00	0.30[3]
	300 kPa<压力≤800 kPa（3 kg/cm²<压力≤8 kg/cm²）	2.00	
电力电缆	35 kV 以下	0.50	0.50[4]
	35 kV 及以上	2.00	

注:1. 主干排水管后敷设时,其施工边沟与管道间的水平净距不宜小于 1.5 m。

2. 当管道在排水管下部穿越时,交叉净距不宜小于 0.4 m;当排水管为明沟时,交叉净距不宜小于 0.5 m。此时,通信管道均应做包封处理,包封长度自排水管两侧各加长 2 m,厚度为 5~8 cm。

3. 在交越处 2 m 范围内,煤气管不应做接合装置和附属设备;如上述情况不能避免,电信管道应做包封,包封长度自煤气管两侧各加长 2 m,厚度为 5~8 cm。

4. 如电力电缆加保护管,净距可减至 0.15 m。

6.4.13 常用塑料管规格型号如表6.4.13所示。

表6.4.13　塑料管规格尺寸

序号	名称	孔数	内孔直径	长度(m/根)	连接方式	备注
1	实壁管(PVC/HDPE)	单孔	88 mm	6	套接	敷设线缆缆径较小时,需布放子管
2	双壁波纹管(PVC/HDPE)	单孔	88 mm	6	承口插接	敷设线缆缆径较小时,需布放子管
3	栅格管(PVC–U)	3~9	28 mm、33 mm(可选32 mm),42 mm、50 mm(可选48 mm),外形尺寸不超过110 mm	6	套接	
4	蜂窝管(PVC–U/HDPE)	3/5/7	28 mm、33 mm(可选32 mm),外形尺寸不超过110 mm	6	套接	
5	梅花管	3/5/6	28 mm、33 mm	6	套接	

6.6　安装大样图

6.6.1　光纤到户工程中所用到的ODF配线设备、光缆交接箱、光纤分纤箱、衔接人(手)孔的安装大样图为图纸的必须组成部分,其余设备和线缆的安装大样图可根据需要进行绘制。

6.6.2　接地导体应符合《民用建筑电气设计规范》JGJ16–2008

中 21.8.5 条款要求：

综合布线系统的配线柜（架、箱）应采用适当截面的铜导线连接至就近的等电位接地装置，也可采用竖井内接地铜排引至建筑物共用接地网。

7 工程设计指标

7.0.1 光纤链路衰减指标应符合《住宅区和住宅建筑内光纤到户通信设施工程设计规范》GB50846－2012 中 8.0.1、8.0.2 条款要求。